Edizioni PensareDiverso
Cenacolo Jung Pauli

Vicente Cajal

Extrañas coincidencias en tu vida.

Pequeños eventos curiosos.
Presentimientos. Telepatía.
¿Te pasa a ti también?
La física cuántica y la teoría de la
sincronicidad explican los
fenómenos extrasensoriales.

Índice do livro

Introducción

Desde los primeros desarrollos del pensamiento, la humanidad ha creído que algunas coincidencias significativas eran signos por los que un nivel filosófico o divino superior buscaba dialogar con los hombres.

En los últimos tres siglos todo esto había sido cancelado por nuevas tendencias científicas. Las coincidencias extraordinarias fueron consideradas como consecuencias del caso. Cualquiera que quisiera interpretar eventos extraordinarios como señales divinas fue burlado.

De la misma manera, las visiones del futuro fueron consideradas ilusiones o incluso signos de desequilibrio. Esto, a pesar del hecho de que muchos habían experimentado estos hechos extraordinarios.

La ciencia negó la existencia de una dimensión psíquica con la cual la mente humana podría interactuar. Según la opinión común, la única realidad existente eran los objetos materiales. Sin embargo, en la década de 1980, los experimentos en física cuántica demostraron la existencia de un universo que no solo está compuesto de materia. Este universo tiene un nivel en el que la energía y la información no sufren los límites del espacio y el tiempo típicos de la física clásica.

Esto confirma todas las intuiciones maduradas en la historia de la humanidad. Entre estas intuiciones, el concepto de "Alma del mundo" enunciado por el filósofo griego Platón. Más recientemente, el psicólogo suizo Carl Gustav Jung ha elaborado la teoría del "inconsciente colectivo".

Este libro evita investigar temas excesivamente especializados. El autor claramente acompaña al lector en la comprensión de los tres niveles que forman una sola realidad.

El primer nivel es el físico, que forma parte de nuestra experiencia diaria. El segundo nivel es el descrito por la física cuántica, típica de las partículas elementales más pequeñas de átomos.

El tercero es el nivel psíquico llamado "no-localidad". Es el nivel espiritual, que no se puede ubicar físicamente en ningún lugar.

Este camino del conocimiento se refiere a descubrimientos recientes reconocidos por la ciencia oficial. Las extrañas coincidencias y los fenómenos de la mente se convierten en partes importantes de una realidad nueva y sorprendente.

Hechos aleatorios y coincidencias significativas.

La coincidencia consiste en dos hechos conectados entre sí para determinar una secuencia lógica. Una coincidencia puede ser programada por la voluntad de los hombres. Un ejemplo clásico de coincidencias preestablecidas son los horarios de las líneas de transporte de pasajeros. En un horario preestablecido, un medio de transporte llega a una estación. Inmediatamente después el viaje continúa con otro medio de transporte. Nada más ordinario. Pero también hay coincidencias que ocurren sin ninguna predicción.

Tomemos un ejemplo. Voy al supermercado, voy al mostrador de pan y saco un número. Mi reserva tiene el número 64.

Luego voy al mostrador de pescado e incluso aquí mi reserva tiene el número 64. Todo esto es muy común en ese momento. La situación se vuelve extraña si, saliendo del supermercado, me subo al autobús número 64. En el autobús me encuentro con un amigo que cumple 64 años ese mismo día. Lo felicito y desciendo justo enfrente del quiosco de la calle Marconi 64. Del vendedor de periódicos compro el número 64 de mi revista favorita. En este punto, ¿qué te parece? Podría comenzar a preguntarme si no es muy extraño que el número 64 se repita continuamente.

Para decir la verdad, tales secuencias numéricas ocurren con cierta frecuencia, pero no lo notamos, porque estamos ocupados pensando en otra cosa. Por lo tanto, las coincidencias que están vinculadas a un número, como la que acabamos de decir, son extrañas pero no las tomamos en consideración. De hecho, no nos damos cuenta de esto. Estas coincidencias no se convierten en "significativas". Muchas coincidencias podrían ser significativas si nos damos cuenta de ellas y comenzamos a hacer que el cerebro funcione.

La pregunta debería ser: ¿cuál es la importancia de esto para mi vida?

Una foto vieja

María estaba aburrida. Ese domingo por la tarde, debido a un ligero esguince en el tobillo, se vio obligada a quedarse en casa. Después de hojear todos sus libros, buscó un programa de televisión interesante, pero no lo encontró. Así que decidió hacer algún pequeño trabajo útil. Por ejemplo, había un poster para colgar. Lo había comprado hacía unos meses y todavía estaba bien enrollado en su contenedor.

Esta actividad parecía demasiado exigente. Se decidió por otro pequeño asunto. Finalmente, decidió que era el momento adecuado para cambiar el forro hecho de papel en el cajón de su escritorio.

El cajón era ancho y profundo. María lo sacó, lo puso sobre la mesa y comenzó a transferir todo el contenido a una caja. Cuando recogió los objetos individuales, se sorprendió al encontrar tantas cosas pequeñas que había considerado perdidas.

Cuando el cajón estaba vacío, María liberó el papel viejo de los alfileres que lo sujetaban y lo presionó en su mano para tirarlo. En ese momento descubrió un pequeño rectángulo de papel que se había pegado justo debajo de la cubierta. Era una foto vieja.

En esa imagen, María podía verse a sí misma, mucho más joven, junto con algunos amigos durante un viaje que tuvo lugar al menos veinte años antes.

María comenzó a examinar la foto con nostalgia porque reconoció a las personas reproducidas. Por supuesto, el de la izquierda era Paolo, y el que estaba junto a él era Sergio, apodado "Lo Sguincio".

La niña en el centro se llamaba Arianna "La micia". Todos eran amigos que ella todavía estaba viendo, pero ese tipo entre Laura y Silvio, el gordo, ¿quién era él? Intentó recordar y al final fue la iluminación: pero sí, fue Pebble. Al final de la escuela secundaria, su familia se había mudado, por lo que los contactos se habían desvanecido hasta que los dos se perdieron de vista el uno al otro.

Permaneció absorto durante mucho tiempo, fantaseando con ese período de su vida: la escuela y los amigos que recordaba. Ahora Cobblestone apareció de repente en esa aburrida tarde. Cambió el papel del forro del cajón y lo puso de nuevo en su lugar. Entonces sus pensamientos se centraron en otra cosa ...

A la tarde siguiente, mientras completaba algunas tareas domésticas, sonó el teléfono. ¿Lo creerías? En el otro extremo del receptor una voz comenzó a decir:

"Hola eres maria Espero que me recuerdes, soy Pebble y fuimos a la escuela secundaria juntos. Ayer, mientras pensaba en esos momentos, sentí el deseo de volver a contactar a viejos amigos y el primer número que encontré en mi columna es el suyo ... "

Como es obvio, el mero hallazgo de una foto antigua es solo un hecho curioso. Pero la llamada telefónica que recibe María al día siguiente establece una conexión inesperada. Para Maria, el descubrimiento de la foto y la llamada telefónica tienen un "sentido unitario". Cuando María establece que los dos hechos tienen un significado, los dos hechos se convierten en una "coincidencia significativa".

Todos somos protagonistas de importantes coincidencias. En otras ocasiones podemos ser testigos de las curiosas coincidencias. Desafortunadamente, aunque al principio estemos un poco sorprendidos, posteriormente decidimos que es un caso.

Ciertamente creemos que hemos experimentado un caso curioso, pero aún así solo un caso simple. Como resultado, almacenamos todo en algún rincón de la mente.

En realidad, "coincidencia" no siempre equivale a "aleatoriedad". Esto se demuestra por el hecho de que algunas coincidencias generan problemas en nuestra mente que siguen sin resolverse para la vida. A veces estos problemas resurgen y estimulan nuestra curiosidad. Percibimos un vago sentido de misterio. Tenemos la sensación de haber perdido una comunicación útil. Sospechamos que se nos está escapando una indicación o sugerencia importante.

Según el conocido psicoterapeuta Carl Gustav Jung, quien estudió este fenómeno durante mucho tiempo y elaboró muchas de las teorías que se describen más adelante en este libro, a menudo las coincidencias son ciertamente hechos aleatorios simples, pero a veces no. Jung planteó la hipótesis de la existencia de coincidencias que podrían considerarse significativas o incluso "numinosas", y las denominó con el nombre de "sincronicidad".

Jung tuvo el mérito de haber sido el primero en estudiar científicamente, el fenómeno de las extrañas coincidencias. Partió de la observación de que nadie puede negar su existencia. Jung también ha proporcionado herramientas adecuadas para comprender cuándo una coincidencia puede considerarse significativa o "numinosa" y, por lo tanto, se convierte en una sincronicidad.

Por supuesto, no es suficiente distinguir entre coincidencias comunes y coincidencias sincrónicas. Podemos establecer que las coincidencias aleatorias son parte de nuestra vida diaria y se derivan del entrelazamiento de nuestras actividades con los acontecimientos del mundo que nos rodea. La característica de las coincidencias comunes es que no nos involucran ni nos interesan porque consideramos que estas coincidencias son obvias.

Las coincidencias sincrónicas, por otro lado, abren una gran ventana en el panorama del misterio. Estas coincidencias nos hacen entrar en mundos cuya existencia ni siquiera sospechamos.

Detrás de cada sincronicidad hay universos enteros desconocidos para explorar, y una inmensa sabiduría de la cual extraer. Lamentablemente, no tenemos ojos para entender estos paisajes. Asimismo, no conocemos el lenguaje a través del cual las sincronicidades intentan comunicarse con nosotros.

Hay problemas de sintonía entre nuestra mente y la mente de la cual las sincronicidades descienden a nuestro favor.

Remigia, la anciana que sirve en la iglesia de los Santos Arcángeles, una vez más observó a una niña. Como siempre, la joven se detuvo y se arrodilló en la parte de atrás de la iglesia. Sus visitas siempre tenían lugar cuando la iglesia estaba vacía, en un momento en que no había servicios religiosos.

La niña siempre estaba muy orante y se podía ver su expresión triste. Ese día, sin embargo, Remigia vio una lágrima brillando en su cara. El asistente, debido a su bondad natural pero también a cierta curiosidad, esperó a que se levantara. Cuando salió, se acercó a ella, intentando abrir un diálogo con ella, para descubrir la razón de su sufrimiento.

A través de un cordial intercambio de pensamientos y argumentos comunes, reunió sus confidencias. La niña, cuyo nombre era Sabina, estaba pasando la época de la juventud y le habría gustado mucho encontrar un novio para crear una familia. Lamentablemente el sueño no se realizó.

Remigia la consoló y le dio el mejor consejo. Luego recordó que entre sus roles como asistente de la iglesia también estaba el papel de vender recuerdos.

Así que la mujer pensó que era hora de deshacerse finalmente de una estatua del Ángel Raffaele. Este objeto sagrado representaba a uno de los tres Arcángeles, y había estado expuesto detrás del vidrio en el gabinete de recuerdos durante muchos años, ya que nadie lo había comprado.

"Mira a Sabina" - dijo Remigia, mientras la guiaba hacia el gabinete de recuerdos - "Te sugiero que reces todos los días al Ángel Rafael, que es el protector del prometido y del amor casado". Este modelo de yeso es una copia de un original de plata que se encuentra en Nápoles. El arcángel Rafael se representa junto con un joven y un pez. El joven se llamaba Tobia y había emprendido un viaje para casarse con una joven llamada Sara, según lo establecido por su familia.

Desafortunadamente, Sara era la esclava del demonio Asmodeo, por lo que cada vez que se casaba, su esposo moría la noche de bodas. Esta desgracia ya había sucedido siete veces.

Pero Tobia no sabía que él sería su octavo marido.

Afortunadamente, mientras viajaba para llegar a Sara, Tobia estaba acompañada por el Angelo Raffaele.

Una vez en la orilla de un río los dos se detuvieron a descansar. Tobia fue a la orilla a beber, pero fue atacado por un pez grande. Raffaele lo ayudó y juntos mataron al pez. El ángel le dijo a Tobía que abriera el vientre del pez y extrajera su hígado; Le ordenó que lo guardara porque le traería suerte.

Tobias llegó a su destino y se preparó para celebrar la boda, mientras que el padre de Sara ya estaba preparando la tumba para él también. Pero esa vez la tumba fue inútil.

Con la protección de Raffaele, los dos cónyuges pasaron la primera noche orando e hicieron fumigación con el hígado de los peces. De esta manera el demonio no se acercó y fue derrotado. Sara fue liberada de la maldición y vivió feliz con Tobías ".

Remigia cocluses la historia de esta manera:

"Tú también, querida Sabina, puedes confiar en Raffaele. Mantén esta pequeña estatua en tu casa y di una oración por el ángel todos los días. Verás que pronto vendrá en tu ayuda.

Piensa, Sabina, que todavía hoy en Nápoles, el 29 de septiembre, muchas chicas van a visitar la estatua de plata. Como decimos en el dialecto napolitano, van *"a vasà 'o fish' e San Rafèle"*. (besar al milagroso pez de san Raphael).

Sabina, con gran esperanza, compró la estatua y la colocó a la vista sobre un gabinete en su casa. Todos los días recitaba su oración. El tiempo pasó: una semana, un mes, tres meses ... pero no pasó nada.

El cuarto mes, en un momento de particular desesperación, tomó la estatuilla y la miró con desprecio, murmurando:

"¡Pero qué San Raffaele! ¡Ni siquiera él me ayuda!

Habiendo dicho eso, tiró la pequeña estatua por la ventana.

Después de unos minutos escuchó el timbre de la puerta principal. Abrió y se encontró frente a un distinguido caballero. Con cierta vergüenza, él le dijo:

"Disculpe, vi esta pequeña estatua caer desde una ventana. Si no me equivoco, vino de este apartamento, así que pensé en devolverlo ".

Sabina, aturdida, lo hizo sentar y le ofreció un café. Hablaron de esto y aquello. Aprendió que este amable caballero se llamaba Giulio y que estaba soltero. Decidieron reunirse de nuevo. Más tarde se reunieron asiduamente, y finalmente se casaron.

La sincronicidad.

En la historia de Sabina, ¿dónde comienza la coincidencia? En otras palabras, ¿dónde comienza la serie de coincidencias? ¿Comenzar cuando Sabina decide ir a la iglesia de los Santos Arcángeles todos los días? ¿Comenzar cuando Remigia, curiosa, escucha sus confidencias? ¿O comienza muchos años antes, cuando una estatua nunca fue vendida? ¿O comienza la coincidencia cuando Giulio pasa por debajo de la ventana de Sabina al mismo tiempo que la niña tira la pequeña estatua?

Estos son muchos hechos, no relacionados y distantes en el tiempo. Sin embargo, si consideramos estos hechos todos juntos, podemos ver que se convierten en las partes coherentes de una historia. Es decir, estos hechos se vuelven "significativos" y, por lo tanto, en conjunto construyen una "sincronicidad".

El término "significativo" significa algo que contiene y expresa un significado. Un evento significativo constituye una "señal del cielo". El hecho significativo habla, es elocuente, notable, relevante.

Jung también usa el término *"numinoso"* que significa: rodeado por un halo de sacralidad. Un evento numinoso inspira el miedo y la reverencia juntos.

En la historia recién narrada, el contenido de lo sagrado no se deriva del hecho de que hablamos de la estatuilla de un santo, o del hecho de que el episodio de Tobías está tomado de la Santa Biblia. El evento general de una sincronicidad es "numinoso" con un significado más amplio. El hecho es digno de un respeto particular porque es capaz de inducir un sentido de reverencia espiritual.

Las dos historias que presenté, la de María y la de Sabina, pueden considerarse episodios sincrónicos.

De hecho, sus características corresponden a las indicadas por Carl Jung para discernir si un episodio es sincrónico o no.

Según Jung, las características de una sincronicidad son principalmente tres.

La primera característica es que los dos o más hechos que conforman la sincronicidad no están vinculados por una relación de causa y efecto. En el contexto de una sincronicidad, ninguno de los hechos es una consecuencia directa de otro hecho. La conexión es intelectual y se produce en la mente del sujeto

En el ejemplo relacionado con María, es evidente que la llamada de Ciccio no es la consecuencia del redescubrimiento de la foto.

Del mismo modo, el lanzamiento de la estatua hecha por Sabina y el pasaje bajo la ventana de Giulio no son consecuentes entre sí.

La segunda característica de una sincronicidad es que los hechos generan una reacción emocional en la persona involucrada. En el primer episodio, María recordará la historia durante años. En la segunda historia, Sabina está tan gratamente involucrada como para casarse con Giulio.

La tercera característica es la naturaleza simbólica de los hechos; desafortunadamente, esto los hace difíciles de entender. Sin embargo, incluso cuando no es posible dar una explicación lógica de por qué ocurrieron esos eventos, uno siente que ocultan algún mensaje misterioso que espera ser descifrado. Si queremos decirlo como lo haría Jung, decimos que "tienen un carácter numinoso".

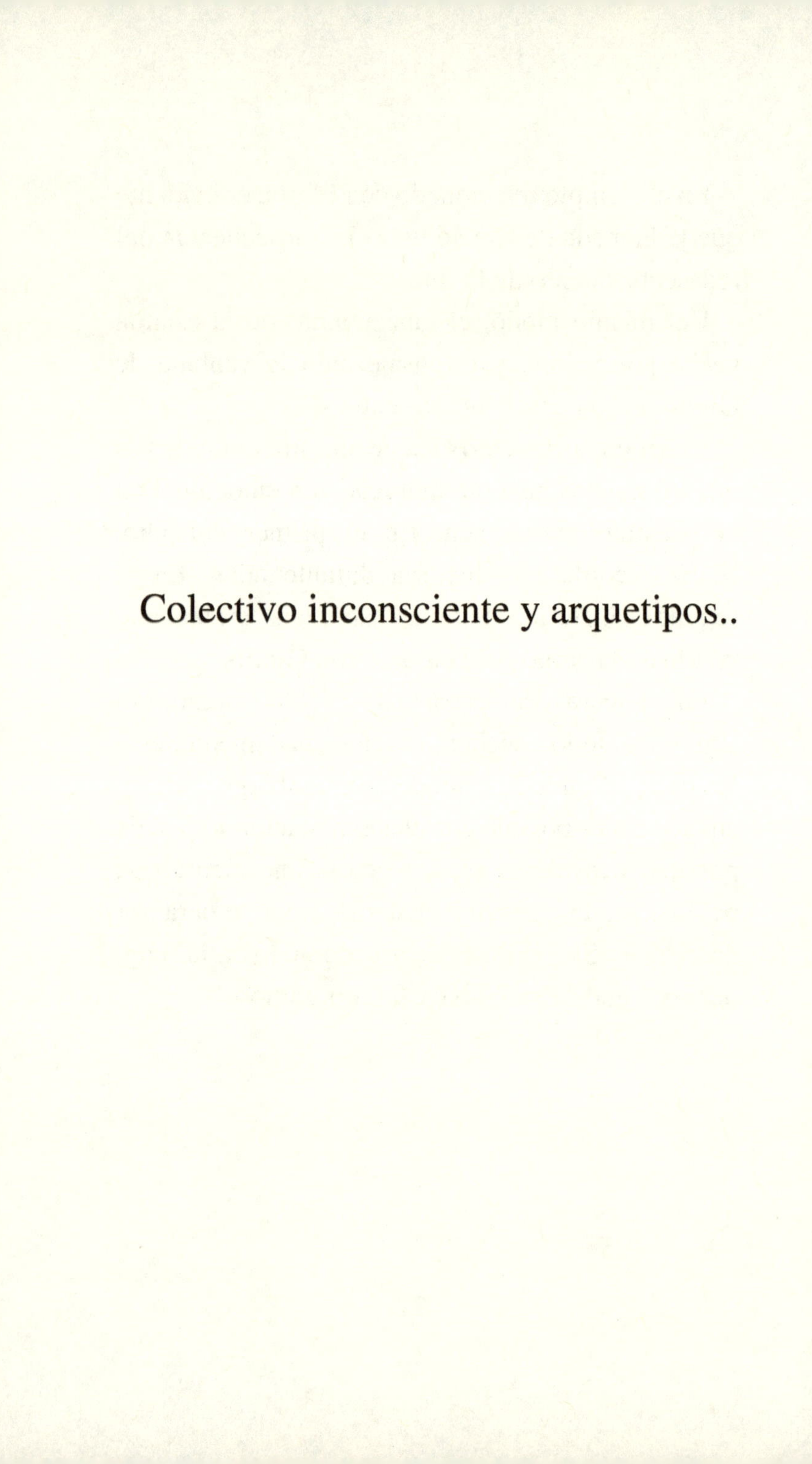

Colectivo inconsciente y arquetipos..

Para comprender completamente el concepto de sincronicidad necesitamos examinar las teorías de Jung. Este examen nos permitirá entender el origen y funcionamiento de las sincronicidades. Jung usa un concepto, ya conocido en la evolución del pensamiento humano, y lo llama *"inconsciente colectivo"*.

En sus estudios, Jung plantea la hipótesis de que la psique humana se puede dividir en tres niveles.

El nivel de conciencia individual.

El primero es el nivel que llamamos "conciencia individual". Este nivel incluye todo lo que sabemos sobre nosotros mismos y el medio ambiente que nos rodea. La conciencia individual representa la capacidad de comprender y evaluar los hechos que ocurren en el ámbito de nuestra experiencia. Gracias a nuestra conciencia, podemos prever razonablemente lo que sucederá en nuestro futuro, más o menos cerca. El término "conciencia" viene del latín *"conscire"*, que es *"estar atento, saber"*. En otras palabras, la conciencia indica la conciencia que cada persona tiene de sí misma y de sus contenidos mentales.

Por eso la conciencia es el asiento de nuestro razonamiento. En la conciencia, decisiones y comportamientos basados en la razón maduran. La conciencia individual opera con discernimiento y toma decisiones razonables, de acuerdo con nuestra manera de entender el mundo.

El inconsciente individual.

El segundo nivel es el lugar del inconsciente individual. Aquí nacen y crecen ideas, creencias y comportamientos que no están sujetos a nuestro control directo.

Por ejemplo, aquí se realizan funciones esenciales de la vida como la respiración y las contracciones de los músculos del corazón.

Sin embargo, en la parte de nuestra conciencia que no conocemos, sobre todo se encuentran los instintos, las tendencias, las actitudes. Entre estos también están las "preferencias inconscientes" para una forma particular de arte en lugar de para otra. El inconsciente determina inconscientemente la preferencia por un color u otro, por una profesión u otra.

Sigmund Freud también se refirió al inconsciente personal. Freud enseña que este es un contenedor inicialmente vacío, que luego, a lo largo de la vida, se llena con todos los "desperdicios de conciencia".

Jung piensa de manera completamente diferente. Argumenta que el inconsciente tiene su propia autonomía funcional desde el comienzo de la vida de un ser humano. De hecho, según Jung, el hombre está más gobernado por su inconsciente que por su conciencia.

El subconsciente tendría una función de reequilibrio con respecto a la conciencia. Hay contenidos de conciencia que pueden volverse inconscientes; Esto sucede en el mecanismo del olvido.

Además, en la conciencia hay información que puede ser olvidada voluntariamente, porque es el resultado de eventos dolorosos. Algunas experiencias pueden eliminarse porque están conectadas a episodios de los que nos avergonzamos o cuya realidad queremos negar.

En estos casos se lleva a cabo una "eliminación" pero nunca se completa. De hecho, todo lo que hacemos es mover la memoria de nuestra parte consciente al inconsciente.

En situaciones particulares, sin embargo, las experiencias que parecen borradas pueden volver a emerger del inconsciente.

La principal diferencia entre la tesis de Freud y la de Jung reside en el hecho de que, según Jung, el subconsciente no es solo un almacén que está progresivamente lleno de experiencias que la conciencia considera inútiles.

Jung valora el subconsciente mucho más positivamente.

Según Jung, el subconsciente es un lugar lleno de ideas nuevas y creativas. En el subconsciente nacen y crecen muchas construcciones conceptuales y muchos proyectos originales, relacionados con el presente y también con el futuro.

Por lo tanto, según Jung, el inconsciente individual contiene semillas de conocimiento y creatividad. Estas son ideas absolutamente originales, aquellas que llevarían a formular las preguntas clásicas: "¿Pero cómo lo sabes? Pero ¿quién te dijo eso?

La premisa es esta: el inconsciente contiene ideas que no están relacionadas con la experiencia del individuo; Estas ideas siempre han estado presentes.

De esta premisa surge "la pregunta": si estas ideas existen desde antes, *¿de dónde provienen?*

El inconsciente colectivo.

Para explicar mejor el inconsciente colectivo, dejamos la palabra al propio Carl Jung, quien la describe en su artículo de 1936 publicado con el título: "Das Konzept des kollektiven Unbewussten".

"El inconsciente colectivo es parte de la psique. Puede distinguirse del inconsciente personal por el hecho de que no debe su existencia a la experiencia personal y, por lo tanto, no es una adquisición personal.

El inconsciente individual está compuesto esencialmente de contenidos que estaban presentes en la conciencia, pero luego desaparecieron porque fueron olvidados o eliminados.

En cambio, los contenidos del inconsciente colectivo nunca han estado presentes en la conciencia y, por lo tanto, nunca se han adquirido individualmente, sino que deben su existencia exclusivamente a la herencia.

El inconsciente individual consiste principalmente en complejos. En cambio, el contenido del inconsciente colectivo está formado esencialmente por arquetipos.

Mi tesis, por lo tanto, es la siguiente. Hay un primer sistema psíquico, que incluye nuestra conciencia individual. También incluye el inconsciente personal. Más allá de esto, hay un segundo sistema psíquico de naturaleza colectiva y universal, que no se refiere a la esfera individual sino que es idéntico en todos los individuos.

Este "inconsciente colectivo" no se desarrolla en los individuos, sino que se hereda. El inconsciente colectivo consiste en *"formas preexistentes"*, los arquetipos."

Por lo tanto, según Jung, hay un nivel de conciencia situado fuera de nuestra mente, no limitado a nuestro cráneo sino separado y autónomo con respecto a nuestra fisicalidad.

Este nivel de conciencia, al ser un nivel psíquico, no puede ubicarse en ningún lugar. No es "una cosa", no tiene ancho, altura y peso. No se puede sacar de aquí y mover allí.

El inconsciente colectivo existe, de la misma manera que nuestra alma existe. Él existe como la edad de un árbol o la claridad del agua del río puede existir. Nadie puede ver o pesar la edad del árbol o el flujo del río, pero nadie puede negar que existen.

El inconsciente colectivo es una realidad absolutamente psíquica que contiene las experiencias de todos los seres humanos, en forma de arquetipos. La ventaja es que todos los seres humanos pueden "dialogar" con arquetipos.

Hoy podemos decir, usando un lenguaje tecnológico, que toda la información relacionada con la raza humana se almacena en una inmensa cantidad de archivos llamados arquetipos.

Como todos los seres humanos pueden interactuar con los arquetipos del inconsciente colectivo, se deduce que todos poseen una gran cantidad de conocimiento, pero no lo saben.

Escribo estas palabras usando mi computadora. En su memoria hay un diccionario y un programa de corrección de errores gramaticales. No creé estos soportes y ni siquiera sabía que existían hasta que cometí un error al escribir.

No sé exactamente dónde están estas "aplicaciones". Quizás se colocan "en la nube". Sin embargo, cuando me equivoco, intervienen estas aplicaciones. Las primeras veces que me quedé mirando la pantalla con las pequeñas palabras resaltadas en rojo, y no entendí por qué. Poco a poco me acostumbré y me di cuenta de que el subrayado rojo indica un error. Desafortunadamente, a menudo no especifico qué error es.

Sería interesante si las mejores partes de mis escritos aparecieran subrayadas en azul, para señalar que alguna sección misteriosa del software está satisfecha con la forma en que escribo.

Quizás todavía no lo entendería, porque la computadora se expresa en formas que no son comprensibles de inmediato. A menudo es necesario consultar un manual de referencia.

Las sincronicidades son algo así. Estas son señales que nos llegan de un "verificador de gramática" que está colocado y quién sabe dónde. Es un software disperso en una inmensa "nube", que habla con nosotros en "lenguaje de máquina", es decir, se expresa de una manera que es difícil de entender.

Los arquetipos se asemejan a este corrector gramatical.

A veces, los arquetipos se deslizan desde el inconsciente colectivo y llegan a influir en nuestra conciencia. Vienen a sugerir correcciones en las palabras que estamos escribiendo en la historia de nuestra vida.

Deberíamos evitar molestarnos cuando esto sucede, incluso si la intervención de los arquetipos genera episodios difíciles de entender, como las extrañas coincidencias. Estas son líneas rojas o azules. Sentimos la presencia de un sentido oculto, pero no entendemos su significado con precisión.

Una idea tan antigua como el hombre.

Carl Jung tuvo el mérito de exponer su tesis sobre el inconsciente colectivo según criterios de rigor científico. Sin embargo, la idea no era nueva. Desde los albores de la humanidad y desde las primeras manifestaciones del pensamiento humano, la creencia en un nivel psíquico superior se ha desarrollado. El concepto de "mundo de ideas" nació en la civilización griega. En resumen, el hombre siempre ha creído en un dominio espiritual que está desconectado de la realidad material, pero generalmente lo domina.

Cada vez que se identifica una divinidad en objetos naturales, como el Sol o la Luna, siempre se ha atribuido una personalidad a ese objeto. El sol sale y se pone todos los días para dar vida a la tierra. Sin embargo, el Sol tiene una voluntad propia, por lo que incluso puede decidir no surgir. De este temor surge la necesidad de reverenciar y rendir homenaje hasta el punto de organizar un culto y ofrecer sacrificios para complacerlo.

Las creencias de las religiones animistas del Paleolítico y del Neolítico pronto se convirtieron, en el período clásico de la antigua Grecia, en un concepto más refinado, el del Alma del mundo. Hoy este concepto es conocido con una expresión en latín "Anima Mundi". Es un concepto filosófico utilizado por los seguidores del filósofo griego Platón para indicar la vitalidad de la naturaleza.

El Anima mundi expresa la totalidad de la naturaleza considerándola similar a un solo organismo vivo. Al mismo tiempo, sin embargo, el alma del mundo está estrechamente relacionada con el alma de cada individuo. Así, el concepto implica un universo en el que "todo es uno", pero cada individualidad conserva las características que lo distinguen.

En colaboración con Wolfgang Pauli (Premio Nobel de física en 1945) Jung profundizó la posibilidad de que los conceptos de "Archetipo" y "Sincronicidad" pudieran relacionarse con una realidad que definiera "Unus mundus".

Es una realidad de la que todo emerge y todo vuelve a ella.

Es el mismo concepto de Anima mundi que proviene del "monismo" de Platón, que fue desarrollado más tarde por los filósofos neoplatónicos.

Las filosofías y religiones han aceptado e integrado el concepto del Alma del mundo.

Hoy este concepto está presente, con diferentes nombres, en la filosofía oriental. Podemos recordar el "Tao" de la cultura china, o "Atman" de la cultura india. Pero encontramos este concepto también en la religiosidad occidental, en la figura del "Espíritu Santo".

La cultura secular también se refiere al Alma del mundo con muchos nombres diferentes como, por ejemplo, Mente universal, Conciencia Global, Espíritu del mundo.

Hablando del "inconsciente colectivo" no nos referimos a ninguna de estas Entidades, pero destacamos que existen fuertes similitudes con cada una de ellas.

Los arquetipos

Así, el inconsciente colectivo evoca muchas similitudes con los conceptos espirituales elaborados en la evolución cultural humana.

Otras similitudes son evocadas por otro concepto vinculado al inconsciente colectivo jungiano. Vamos a hablar de los "arquetipos".

Los arquetipos son categorías conceptuales consideradas similares a estructuras arcaicas como las típicas de los mitos y las religiones, pero también a los personajes de cuento de hadas de la cultura popular.

De hecho, el propio Jung creía que no había propuesto nada nuevo, pero reconoció que los arquetipos pueden considerarse similares a las principales tipologías mitológicas de cada época histórica y de cada raza humana.

Por lo tanto, los arquetipos pueden ser tan infinitos como la capacidad del pensamiento humano para generar situaciones reales o fantásticas es infinito.

Existe el arquetipo de la muerte y el arquetipo del miedo, el arquetipo de la crueldad y el arquetipo de la piedad.

También están todos los arquetipos conectados a las visiones generadas por nuestros sueños. En los sueños, las imagenes de sueño se convierten en símbolos, es decir, se convierten en arquetipos. Hablemos de figuras como el caballo, la araña, el salto al vacío o el lobo que nos persigue.

Cualquier figura imaginada por nuestra mente está presente como un arquetipo en el inconsciente colectivo. Cada figura tiene un significado que no corresponde a la figura en sí, sino que tiene un valor simbólico. Por ejemplo, el caballo simboliza el deseo de viajar en los mundos espirituales.

Platón también cree que los arquetipos son algo que nos pertenece por herencia, sin haber experimentado sus contenidos directamente.

El filósofo cree que conocemos los arquetipos porque ya los hemos visto antes de nacer. Para apoyar esta teoría utiliza la "doctrina de la reminiscencia". Nuestra alma, antes de entrar en un cuerpo, se vive en el "Mundo de las Ideas".

En este mundo, el alma ha adquirido su conocimiento, que no se pierde cuando la misma alma está encarnada en un cuerpo. Por lo tanto, Platón afirma que "saber es recordar" porque habríamos adquirido el conocimiento antes del nacimiento.

En contraste, el inconsciente colectivo de Jung es un lugar donde las ideas no son accesibles a nuestra alma antes del nacimiento. Estas ideas, que son los arquetipos, se manifiestan en nuestro inconsciente individual solo después del nacimiento a lo largo de nuestra vida.

A veces consideramos los arquetipos como conceptos abstractos. Jung no los consideró como tales, porque la abstracción no tiene su propia "forma". Jung, por otro lado, creía que los arquetipos eran capaces de asumir una "forma" para manifestarse.

Al ser capaces de "tomar forma" en nuestro inconsciente, los arquetipos son fuentes de "energía psíquica" y pueden descargar su potencial en los seres humanos a través de sueños, coincidencias extrañas, premoniciones e ideas espirituales que son la base de episodios sincrónicos.

La diferencia entre la concepción de Platón y la concepción de Jung reside en el proceso mediante el cual conocemos las ideas heredadas que no están relacionadas con la experiencia.

Según Platón, el alma conoce las ideas antes de descender al cuerpo. Según Jung, en cambio, los arquetipos interactúan con el inconsciente individual solo después del nacimiento y durante toda la vida.

Esta diferencia se hace más evidente si consideramos que, según Jung, la acción de los arquetipos se vuelve mucho más poderosa en los momentos en que el individuo atraviesa momentos de estrés o momentos de crisis y transformación.

De hecho, la parte consciente del individuo es más racional y está más inclinada a aceptar compromisos con la realidad de la vida.

En cambio, el subconsciente es más instintivo e imaginativo y, a menudo, no teme embarcarse en comportamientos instintivos e irracionales.

Como resultado, la parte consciente del individuo eleva una barrera de proyección sólida para mantener a raya la efervescencia inconsciente.

Esto no siempre es bueno, y muchas veces no funciona. Hay momentos en que la barrera levantada por la conciencia se tambalea o incluso se derrumba. Son momentos de crisis existencial, como la pérdida de un empleo, el final de una relación o la muerte de un ser querido.

En estos casos, la conciencia racional está traumatizada, porque choca con una realidad que no imaginó tan cruda y dolorosa.

La conciencia cuestiona la exactitud de sus convicciones y se pregunta cómo pudo haber cometido un error. En estos casos, las defensas se reducen, la barrera protectora ya no es imbatible.

A través del subconsciente del individuo, se crea un flujo de materiales psíquicos que va más allá de la barrera y puede tomar la forma de sincronicidad.

Por lo tanto, normalmente, una sincronicidad siempre acompaña a la necesidad de cambio. A veces lo precede o lo propone. Sin embargo, siempre lo hace en forma simbólica, utilizando un lenguaje extremadamente difícil de descifrar.

Probablemente, entre los ejemplos presentes en el archivo de Jung, el más famoso es el que ocurrió durante la terapia de uno de sus pacientes. En su ensayo publicado en 1952 con el título

"Synchronicity: An Acausal Connecting Principle",
Jung describe el evento con estas palabras:

"Una joven tuvo un sueño en un momento decisivo en su terapia. En el sueño el paciente recibió un escarabajo de oro como regalo. Mientras la joven me contaba este sueño, yo estaba sentada de espaldas a la ventana cerrada. De repente escuché un ruido detrás de mí, como si algo golpeara suavemente contra la ventana.

Me di vuelta y vi un insecto alado que, desde afuera, chocó contra la ventana. Abrí la ventana y atrapé al insecto. Era muy similar a un escarabajo de oro, es decir, a un "Cetonia aurata", el escarabajo de las rosas.

Evidentemente, el insecto se había sentido impulsado, en ese mismo momento, a entrar en nuestro cuarto oscuro. Esto, contrariamente a sus hábitos.

Debo agregar que tal caso nunca me había sucedido antes y nunca me sucedió después; Ese sueño del paciente seguía

siendo un hecho único en mi experiencia
".

Más tarde, Jung comenta que la paciente era un caso excepcionalmente difícil. Hasta ese día, ni siquiera había tenido una pequeña mejoría. Ella era una mujer muy racional en sus creencias. Hubiera sido necesario un evento extraordinario para sacudirlo, pero Jung no pudo producirlo.

El sueño del escarabajo había tenido esa función, porque. ella había impresionado a la paciente, por lo que había comenzado a disminuir su armadura. Sin embargo, cuando el escarabajo realmente entró por la ventana, la joven tuvo una reacción mucho más fuerte, que Jung describe de la siguiente manera:

"Su esencia natural logró romper la
armadura y el proceso de transformación
que siempre debe acompañar a una
terapia, comenzó a despegar".

Más tarde, Jung explica el evento en términos psicoterapéuticos y describe por qué el episodio demostró ser efectivo para la recuperación de la niña.

Jung señala que el escarabajo es un símbolo clásico de renacimiento. Según la descripción del antiguo libro egipcio "Am-Tuat" , el Dios del Sol, en su camino después de la muerte, se convierte en un escarabajo en la décima etapa.

De esta forma, el Sol se eleva a la duodécima etapa. Aquí, rejuvenecido, puede subirse al bote que lo transporta al cielo del amanecer. De esta manera, el Dios Sol puede renacer en un nuevo día.

Cómo se produce la sincronicidad.

Las sincronicidades ocurren en la vida de las personas, de repente, cuando la psique enferma percibe una analogía entre sus necesidades y los arquetipos del inconsciente colectivo. En estos casos, la psique accede a los arquetipos a través del subconsciente.

De hecho, los arquetipos están ansiosos por colaborar en el bienestar del individuo. Según algunas teorías, los mismos arquetipos tienen la capacidad de tomar la iniciativa.

La diferencia es sustancial. En el primer caso, se asume la existencia de un contenedor psíquico a partir del cual se puede extraer la información que siempre se ha almacenado y está disponible para ser utilizada.En el segundo caso, por otro lado, se prefigura la existencia de una Inteligencia superior capaz de conocer las necesidades de los individuos y de intervenir de manera autónoma en su ayuda.

En la mayoría de los casos, la segunda hipótesis parece ser la más probable. Al analizar varios casos de sincronicidad, todos seríamos guiados a identificar una dirección, o incluso la presencia de un "Espíritu universal". Estamos hablando de un "alma del mundo" capaz de hacerse presente y trabajar a favor de todas las criaturas, sin límites de espacio y tiempo. Podemos llamar a este Espíritu por el nombre que preferimos.

De esta manera, el universo se convierte en algo interconectado (enredado) en todas sus partes. Cada elemento aparentemente separado, en efecto, constituye una sola cosa con el todo.

El hombre, incluso en su individualidad, es decir, en su ego, se convierte en una molécula, parte de un organismo más grande que podemos llamar Cosmos inteligente. Con su inteligencia, la Mente Cósmica (o Mente Universal) lo protege y guía a través de episodios sincrónicos.

Jung llamó a esta realidad unificadora de la materia y la mente "das Psychoide". Es un nivel que está por encima de la materia y la psique, pero incluye ambos.

Después de todo, como vimos en los ejemplos anteriores, el inconsciente colectivo no se parece en nada a un almacén, sino que tiene una inteligencia que se extiende al pasado y al futuro. Esta inteligencia no puede ser explicada por nuestras categorías de pensamiento. Estamos acostumbrados a un mundo donde las cosas suceden una tras otra. En nuestra experiencia, todo hecho es "consecuencia" de un hecho anterior y "causa" de un hecho posterior.

En el nivel del inconsciente colectivo, la información puede alcanzar la conciencia en cualquier orden, sin respetar el curso del tiempo. Esto sucede cuando una premonición nos advierte de algo antes de que suceda el hecho. También sucede cuando una "llamada telepática" nos dice la situación peligrosa de una persona a la que estamos vinculados por lazos de amistad. En este caso la comunicación no tiene límites de tiempo o distancia. La persona puede estar a cientos de millas de distancia.

Hay miles de testimonios de personas que se han despertado en medio de la noche, mientras un amigo está siendo atacado o involucrado en un accidente.

También hay innumerables testimonios de la conciencia, en el preciso momento en que esto sucede, de la muerte de una persona que vive lejos.

Podemos resumir las características típicas de un fenómeno sincrónico en las siguientes afirmaciones.

Una sincronicidad es la suma de dos o más hechos principales que no están vinculados lógicamente entre sí. Estos hechos adquieren sentido solo para la persona que recibe la sincronicidad.

La sincronicidad se produce en dos partes. La primera parte es esta. En cualquier lugar del mundo y en cualquier momento, una persona recibe una imagen en su inconsciente. Puede recibirlo en forma de sueño, presentimiento, llamada telepática, idea repentina, imagen directa o imagen simbólica.

La segunda parte es esta: en cualquier lugar del mundo y en cualquier momento, un evento o un hecho real confirma la imagen recibida por la persona. O la persona que recibe la sincronicidad puede interpretarla como una guía para mejorar su vida.

El escritor estadounidense Louis L'Amour (seudónimo de Louis Dearborn LaMoore) cuenta en su sitio web la increíble historia de la señora Sarah Richley, una ama de casa tranquila. Su hijo Peter tenía una pasión abrumadora por el mar. Peter, como adulto, decidió embarcarse y pasar su vida en el elemento que tanto amaba. Lo hizo a pesar de la preocupación de su madre y de la opinión contraria. Tanto por la negligencia como por las dificultades para mantener el contacto con el continente, la madre y el hijo se perdieron de vista.

Este es el prólogo, después de lo cual la historia tiene lugar en dos actos.

El primer acto se usará para rastrear la aventura de Peter en uno de sus viajes, en 1829. Estos son eventos que realmente sucedieron, transcritos diligentemente en los registros navales. Estos hechos increíbles que se incluyeron en el séptimo volumen de la "Gran enciclopedia del mar", dirigida por el famoso documentalista Folco Quilici.

En octubre de 1829, la goleta australiana "Mermaid" navegó desde Sydney hasta Collier Bay, en la parte occidental del continente australiano.

El barco, bajo el mando de Samuel Nolbrow, tenía 18 tripulantes, incluido Peter Richley, y también llevaba tres pasajeros.

En el cuarto día de navegación, cuando el barco estaba en el extremadamente peligroso Estrecho de Torres, entre Australia y Nueva Guinea, sucedió lo irreparable.

Se acercaron bancos de nubes amenazadoras. El viento cesó y la nave quedó inmovilizada. En medio de la noche, estalló una violenta tormenta que golpeó la nave. La goleta Mermaid fue golpeada repetidamente contra un banco de corales y destrozada a pesar de los esfuerzos desesperados de la tripulación.

Los 21 hombres abandonaron el barco naufragado y se lanzaron al mar y nadaron sobre una roca. El capitán, que llegó el último, encontró que los 21 estaban a salvo.

Los sobrevivientes pasaron tres días y tres noches en la roca. Finalmente, el bergantín "Swiftsure" que pasó por el área los vio y los recogió, luego continuó su curso.

Después de cinco días, sin embargo, Swiftsure también encontró una corriente marina turbulenta y se hundió.

Todos los ocupantes abandonaron rápidamente la nave. Esta vez también todos se salvaron. De hecho, después de poco tiempo, pasó la goleta "Governor Ready", con 32 tripulantes. La goleta recogió y alojó a los sobrevivientes de los dos barcos previamente hundidos a bordo.

Desafortunadamente, los eventos negativos aún no habían terminado. La goleta reanudó su viaje, pero fue sobrecargada por demasiadas personas.

No pasaron muchas horas cuando estalló un incendio a bordo. Quizás el fuego había sido encendido con poca prudencia por los náufragos.

Nadie logró domar las llamas y todas las tripulaciones de "Mermaid", de "Swiftsure" y de "Governor Ready" se vieron obligadas a subir a los botes salvavidas.

Sin embargo, también esta vez los sobrevivientes pudieron agradecer a la buena fortuna porque después de un corto tiempo el cortador australiano llamado "Comet" apareció en el horizonte.

Por una fortuna afortunada, este barco había sido secuestrado por una tormenta, por lo que se encontró con botes salvavidas.

Cuando los marineros del "Comet" se enteraron de que las personas reunidas eran sobrevivientes de tres naufragios, lamentaron haberlos salvado, pensando que también podían traerles mala suerte. Sin embargo, a estas alturas ya estaban a bordo.

En el barco nació un clima de gran tensión porque los marineros del "Cometa" estaban convencidos de que esas personas estaban acompañadas por un destino perverso. Temían que el mismo destino también afectara al "Comet".

No estaban equivocados.

Después de cinco días de navegación, el Comet también sufrió un naufragio. Esta vez no había botes salvavidas para todos, por lo que muchos permanecieron en el agua aferrados a los restos del barco hundido. Fueron obligados a resistir durante 18 días, antes de ser rescatados por un vapor del servicio postal australiano, llamado "Júpiter".

Increíblemente, después de cuatro naufragios no hubo víctimas entre los náufragos. De hecho, nadie resultó herido, excepto los pequeños moretones que se pueden imaginar.

Probablemente, en todo este asunto, Peter Richley había calmado su deseo de navegar. Pero la historia aún no había terminado. Después de una breve navegación, incluso el vapor "Júpiter" se estrelló contra una roca y se hundió.

Afortunadamente, el barco de pasajeros de la "Ciudad de Leeds" estaba pasando cerca de este último naufragio. Este barco salvó a todos los sobrevivientes de los cinco naufragios y los llevó a la seguridad en Sydney.

En esta ciudad australiana todos los náufragos contaron su aventura.

El narrador, en la "Enciclopedia del mar" concluye su historia con este comentario:

"¿Una simple coincidencia? Quizás, pero en casos como este parece que hay una entidad superior que maneja los eventos.

Esta entidad elimina los eventos del azar y los dirige a conclusiones que parecen adherirse a los deseos humanos ..."

Aquí termina la historia que hemos definido como "First Act".

Sin embargo, en lo que respecta a Peter Richley, la historia no está terminada.

Antes de desembarcar, mientras todavía estaba a bordo del barco "City of Leeds", Peter vivió el segundo acto de la historia. Este segundo acto, si es posible, es incluso más increíble que el primer acto.

La increíble historia de Sarah Richley. Acto II

Volvamos a la historia del escritor Louis L'Amour. Esta vez todo sucede a bordo del barco de pasajeros City of Leeds.

Este barco, que partía del Reino Unido y se dirigía a Sydney, transportaba pasajeros de diversos orígenes sociales interesados en llegar a Australia por los motivos más diversos. Teniendo en cuenta las considerables molestias de viajar en barcos en el siglo XIX, los viajeros eran en su mayoría jóvenes y robustos, que gozaban de buena salud.

Normalmente, el médico a bordo no tenía mayores problemas para llevar a cabo su trabajo.

En este viaje, sin embargo, el médico tuvo muchas dificultades debido a que una anciana viajaba sola.

En un momento dado, la anciana se había derrumbado bajo el peso de sus años y sus enfermedades, y ella había sido ingresada en la enfermería.

El médico le había preguntado varias veces:

"Pero, ¿por qué, señora, quería tomar este viaje desde Inglaterra a Australia?"

Cada vez la mujer respondía que no había tenido noticias de su hijo durante años. Desde que ella supo recientemente que este hijo trabajaba en barcos a lo largo de las rutas costeras de Australia, había decidido embarcarse para poder encontrarlo.

Cada vez, en estos diálogos, la anciana sacaba un pequeño retrato de su bolso para mostrar el rostro del joven al médico.

"Este es mi hijo. Me bastaría con verlo solo una vez para morir en paz. Ayúdame, doctor ".

El médico era una persona sensible y él quería ayudarla, pero no sabía cómo hacerlo.

Después de uno de estos diálogos, el médico realizó una visita de control a algunos de los sobrevivientes recolectados en el mar.

Mientras todavía tenía la imagen de su hijo perdido en sus ojos, se encontró frente a un marinero cuyos rasgos eran bastante similares.

El marinero tenía el pelo oscuro, una frente alta, una nariz aguileña, labios delgados y una barbilla pronunciada. En un examen superficial, puede haberse parecido al retrato. Incluso la edad del marinero podría corresponder. De hecho, había un buen parecido.

El doctor fue golpeado por una idea.

¿Por qué no presentar a este joven a la anciana, cuya vista ya no era perfecta? Este engaño benévolo le habría permitido concluir tranquilamente su vida.

El médico le explicó todo al joven y le preguntó si quería prestarse para desempeñar el papel de hijo. Pero el joven no quería saber.

El médico insistió diciendo:

"Básicamente solo harías un trabajo de caridad. Deberías fingir unos minutos para llamarte Peter ".

El joven comenzó a ceder.

"Así que no mentiría, porque mi nombre es realmente Peter. Pero me gustaría saber más. ¿Quién es exactamente esta dama?

"Es una mujer inglesa, una tal Sarah Richley".

El joven Peter palideció y un profundo temblor sacudió todo su cuerpo, luego exclamó:

"¡Pero es mi madre!"

La anciana era realmente su madre. El caso produjo el resultado que los dos se reunieron debido a cinco naufragios.

¿Pero realmente sucedió esto por accidente o fue una increíble serie de sincronicidad?

Para los amantes de las historias con final feliz, diremos que la señora, después de la alegría de encontrar a su hijo, recuperó su salud y vivió muchos años.

Ella ya no perdió contacto con Peter, pero él continuó surfeando.

Varias fuentes en la web documentan esta historia, por ejemplo:

http://tardis.wikia.com/wiki/Sarah_Richley

El pastor pentecostal Philip Harrelson recuerda cada año esta historia, en su sermón con motivo del Día de la Madre. Este hábito es recordado en el sitio web del pastor:

https://www.sermoncentral.com.

Algunos sostienen que la historia no es cierta, porque los eventos tuvieron lugar en 1829, mientras que el barco de City of Leeds se lanzó más tarde.

En realidad cada mar está lleno de barcos del mismo nombre.

Además de la "Ciudad de Leeds" de nuestra historia, otra "Ciudad de Leeds" se lanzó en 1903, junto con su "Ciudad de Bradford" gemela. Otro barco se lanzó en 1950 con el nombre de "Ciudad de Ottawa", pero más tarde pasó a llamarse "Ciudad de Leeds" en 1971.

Otros dos buques de carga con el nombre de "Ciudad de Leeds" se lanzaron en 1908 y 1944.

Las sincronicidades son emanaciones de una Mente universal.

¿Hay pruebas concluyentes de que las sincronicidades no son ilusiones de nuestra psique? ¿Podemos razonablemente argumentar que las sincronicidades provienen de una Mente superior?

Encontramos pruebas de esto cuando descubrimos la existencia de episodios sincrónicos que involucran a más personas en la construcción de un evento que afecta solo a uno de ellos.

Un evento similar está representado por la increíble secuencia de hechos que acabo de proponer en la historia anterior. Me gustaría recordarle que estos son hechos documentados en los Registros Navales.

. Pero hay mucho más. Las sincronicidades no intervienen solo en las vidas de individuos o pequeños grupos de personas. De hecho, estos fenómenos intervienen para dar forma al destino colectivo del mundo.

Las sincronicidades guían a las comunidades de personas, pueblos, naciones y el mundo entero hacia un nivel más alto de conocimiento.

Es un camino de evolución cultural y espiritual. Las sincronicidades guían a la humanidad hacia un objetivo desconocido que solo se puede imaginar.

El científico jesuita Pierre Teillard de Chardin teorizó sobre la existencia del "Punto Omega".

Este es el más alto nivel de complejidad y conciencia. Creo que una "Mente Cósmica" usa las sincronicidades para llevar a la raza humana al "Punto Omega".

Muchas personas reflexionan sobre una extraña peculiaridad de la evolución de la especie humana. El hombre apareció hace unos 4 millones de años. Desde entonces, el hombre ha vivido durante millones de años, en el estado bruto de la edad de piedra.

En los últimos 12,000 años, por otro lado, el hombre ha experimentado un increíble salto evolutivo que lo ha transportado de la Edad de Piedra a la Edad del Hierro y luego a la Era de la Información, la que estamos experimentando actualmente.

¿Es lógico que durante millones de años la humanidad no haya logrado ningún salto evolutivo significativo, aparte del de los diferentes procesos de piedra, y luego, en un período muy corto, haya alcanzado el nivel de la civilización actual?

Solo en el último 0,003% de su evolución, el hombre ha podido desarrollar las nuevas tecnologías que han transformado las ciudades de agregaciones de chozas de paja a extensiones de rascacielos.

Se debe enfatizar que los animales, aunque tienen el mismo tiempo, no realizaron ninguna evolución espiritual o de comportamiento. Una cierta ciencia que une a los humanos y los animales no sabe cómo explicar este hecho.

Si todo dependiera del hombre, tendríamos que haber tenido una evolución mucho más gradual con el tiempo. Pero no, todo nuestro desarrollo, desde el descubrimiento de la agricultura en adelante, tuvo lugar en una parte mínima de nuestro viaje a través de la historia.

¿Es posible imaginar que finalmente, después del 99,997% de nuestro viaje, "Alguien" o "algo de Energía" decidieron que era el momento adecuado para la humanidad?

¿Alguien, después de cuatro millones de años, finalmente decidió que la humanidad tenía que ser "empujada", "guiada" hacia una etapa superior de su existencia?

En los últimos tres siglos hemos vivido un período de profundo materialismo. En este momento se negó la existencia de lo que no se puede pesar, medir y reproducir en el laboratorio.

Contrariamente a esta tendencia materialista, muchas sincronicidades, que se están desarrollando a partir del siglo pasado, quieren llevar al mundo a la conciencia de que el Cosmos no está compuesto únicamente de materia. El cosmos tiene dos dimensiones, lo material y lo psíquico.

Muchos acontecimientos de las últimas décadas lo confirman. Recordamos:

- Las obras de Carl Jung, un prestigioso psicólogo.

- El encuentro y la colaboración de Jung con Wolfgang Pauli, premio Nobel de física.

- El desarrollo de la física cuántica y el descubrimiento del fenómeno del "enredo" que discutiremos en la segunda parte del libro.

Todos estos eventos y muchos otros eventos relacionados pueden considerarse como parte de una gran sincronicidad.

Es una sincronicidad que derriba los falsos mitos según los cuales el universo está hecho solo de materia gobernada por azar.

Al mismo tiempo, esta sincronicidad global predice un nuevo salto evolutivo de la humanidad. En este nuevo nivel, las razones de la psique, largamente reprimidas por el materialismo, encontrarán su lugar y su importancia.

Todo esto es hermoso, pero ... ¿dónde están las pruebas?

Todo lo que se ha dicho hasta ahora ha chocado, y continúa chocando, con la mayoría absoluta de los círculos científicos.

Estos entornos niegan, como principio, la existencia de cualquier cosa que pueda definirse como "psíquica" o "espiritual".

Afirman que todo el universo está compuesto solo de "cosas", es decir, de materia. Esta interpretación materialista de la ciencia moderna nació en el siglo XVIII, con el advenimiento de la Ilustración.

La Ilustración

La Ilustración, que nació alrededor de 1700 en Inglaterra, fue un movimiento filosófico, político, cultural y social. Esta interpretación de la realidad se desarrolló rápidamente en toda Europa y alcanzó su punto máximo en Francia.

El nombre "Ilustración" se deriva de la voluntad de sus promotores y sus partidarios de "iluminar la mente" de otros seres humanos que, en su opinión, se oscurecieron en esos días por la superstición y la ignorancia.

La Ilustración fue abrazado y hecho su propio por la mayoría de las sociedades cultas y aristocráticas, a pesar de los amargos contrastes del poder eclesiástico.

Pero al final, la visión materialista prevaleció y logró orientar las costumbres sociales hacia sus valores negacionistas del espíritu.

Desde los primeros filósofos en adelante, se consideró que la razón era un medio útil para contemplar las verdades. En cambio, los seguidores de la Ilustración consideraron la razón como una herramienta práctica, operativa y funcional para el desarrollo del progreso mecánico.

De acuerdo con la Ilustración, las conquistas de la razón ya no están en especulaciones filosóficas, sino en el logro de resultados prácticos.

La Ilustración argumenta que la razón es útil solo si logra explicar los hechos y las cosas con racionalidad, sin referirse a argumentos metafísicos.

En el deseo de liberar a los hombres de los temores irrazonables de lo desconocido, la Ilustración afirmó que cada hombre posee en sí mismo la capacidad de comprender la realidad que lo rodea. Sin embargo, para lograr este objetivo, el hombre debe liberarse de creencias supersticiosas.

Según los Iluministas estas creencias son impuestas por un poder interesado en mantener a la gente en la ignorancia para poder dominar más fácilmente.

Las intenciones eran buenas. Desafortunadamente, en las grandes revoluciones las intenciones siempre son buenas, hasta que se aplican. En la práctica, a menudo sucede que el niño es lavado y luego pretende tirarlo con agua sucia.

Esta tendencia de la Ilustración continúa causando daños en la sociedad moderna.

Uno de los principios cardinales de la Ilustración afirma que el mundo es una máquina. Esta máquina sigue las leyes de la física conocidas y aquellas que aún no se conocen. Desafortunadamente, la máquina no tiene ningún propósito. No hay propósito en toda la creación, y en consecuencia no hay propósito en la existencia del hombre. El hombre es también una máquina que realiza sus funciones vitales sin ningún propósito. Cuando el aparato se descompone, se tira.

Denis Diderot fue el autor, junto con Jean-Baptiste D'Alembert, de la famosa Enciclopedia publicada en 17 volúmenes de 1751 a 1772. Diderot desempeña el papel de científico:

"La profesión del científico es instruir y no dar lecciones morales. En sus enseñanzas, debe dejar de lado el "por qué", para mirar solo el "cómo".

El "cómo" se deriva de las cosas, de los seres. En cambio, el "por qué" es sólo un fruto del intelecto. El intelecto no es confiable. ¡Cuántas ideas absurdas, cuántas suposiciones falsas, cuántas nociones quiméricas se encuentran en las canciones en honor del Creador!"

A pesar de este rechazo de toda espiritualidad y la visión de una realidad sin propósito y basada en la casualidad, la Ilustración se negó a ser considerada materialista. El filósofo Voltaire repitió varias veces que no se sentía preparado para decidir ni por el materialismo ni por el espiritualismo.

La edad de las luces y los salones literarios.

Precisamente debido a la expansión de la Ilustración que comenzó en el siglo XVIII, ese período histórico tomó el nombre de "Siècle des Lumières".

Entre los principales protagonistas podemos recordar a los franceses Voltaire, Montesquieu y Fontanelle. Pero estos protagonistas reconocieron que estaban inspirados en la filosofía inglesa basada en la razón empírica y el conocimiento científico, es decir, en los elementos predominantes del pensamiento de Locke, Newton y Hume.

La Ilustración recibió gran ayuda de los salones literarios.

Esta fue una tradición cultural presente en Francia desde los días de Luis XIV. En ese momento había damas, conocidas por su cultura y su mundanalidad, que organizaban reuniones en sus salas de estar, llamadas "bureaux d'esprit". A veces los organizadores también eran hombres con una buena reputación social.

Así, las reuniones de estos "bureaux d'esprit" fueron organizadas por miembros influyentes de la clase media alta o la aristocracia. Estos organizadores invitaron a celebridades a hablar y discutir temas actuales. Entre otros, el salón de Madame Geoffrin era bien conocido. Esta dama invitó a celebridades literarias y filosóficas como Diderot, Marivaux, Grimm, Helvétius.

Con Madame Geoffrin compitió el barón de Holbach, quien organizó reuniones a las que asistieron los mismos personajes que ya se mencionaron, además del abad Galiani y otros filósofos.

Por lo tanto, el sustrato que alimentó la Ilustración consistió esencialmente en la clase aristocrática y burguesa alta. Esta circunstancia nos hace comprender por qué las teorías de la Ilustración se difundieron sobre todo en los altos niveles de la sociedad.

En cambio, en los círculos populares la difusión era casi inexistente. Como resultado, aquellos que deberían haber sido iluminados permanecieron en la oscuridad y fueron excluidos de cualquier beneficio.

Sin embargo, si no consideramos posiciones materialistas y ateas, como las de la última fase del pensamiento de Diderot, el concepto de "Dios" se encuentra en la mayoría de los pensadores de la Ilustración.

Para reconciliar esta intuición natural con las teorías que proclamaron, intentaron justificar la existencia de un Dios en el origen del universo con argumentos científicos. En este esfuerzo, considerando la maravillosa perfección de la creación, llegaron a postular la existencia de un " eterno agrimensor ". Voltaire también hizo la pregunta:

" Cuando evalúo el orden y la prodigiosa capacidad de las leyes mecánicas y geométricas que gobiernan el universo, me conquista la admiración y el respeto.

Admito esta inteligencia suprema. Estoy convencido de su existencia y no tengo miedo de que alguien pueda cambiar mi opinión.

Pero ¿dónde está este eterno tagrimensor? ¿Existe en un lugar específico o se propaga por todas partes? ¿Ocupa un espacio o no? No sé nada de esto ".

Desafortunadamente, las dudas de Voltaire no dejaron rastro en los siglos posteriores. En el panorama científico de hoy, el concepto de "Dios", incluso expresado en forma dudosa, se ha borrado por completo.

Hoy en día, los entornos científicos, con raras excepciones, están orientados hacia el materialismo, pero afortunadamente no logran difundir estas teorías.

De hecho, los seres humanos de todo el mundo, incluso aquellos que han vivido durante largos períodos bajo el gobierno de los totalitarismos ateos, continúan creyendo que no son máquinas.

Según los materialistas, las uomininas son aglomerados aleatorios de materia. Se excluye que los hombres puedan poseer una espiritualidad y un alma.

Extrañamente, los materialistas piensan que "otros" son autómatas sin un sentido crítico, obligados a comportarse de acuerdo con las leyes mecánicas. Pero ellos mismos son una excepción porque son inteligentes y pueden procesar pensamientos autónomos.

¿Cuáles son las leyes de la física clásica que no pueden romperse?

La negación de las realidades psíquicas se deriva del hecho de que son contrarias a las leyes físicas en las que se basa el universo que conocemos. No solo la física clásica, sino también las leyes de la física relativista están sujetas a estas reglas. Estas son reglas claras y completamente descritas.

El conocimiento de estas leyes permite prever en cualquier momento cómo se comportará la materia que constituye la realidad. Podemos predecir el comportamiento de los objetos, desde nuestro encendedor de cigarrillos hasta la galaxia más lejana.

Existe un criterio llamado "mecanicidad" que regula el universo conocido. Cada evento depende de una causa. A su vez, cada hecho se convierte en la causa que causa un evento posterior.

Un objeto en movimiento que golpea un objeto inmóvil genera un empuje que puede calcularse con precisión.

De hecho, el empuje depende principalmente del peso de los dos objetos y de la velocidad del primero. El segundo objeto, a su vez, se mueve en una dirección que puede predecirse. También se puede prever la velocidad y la duración del movimiento.

Además, todo para poder moverse tiene que tener un "entorno". Por ejemplo, un barco se mueve sobre el agua y un automóvil se mueve en la carretera. La música y la voz se propagan por el aire y son transmitidas por ondas de sonido.

Consideremos las tres leyes principales.

La primera ley es la dirección del tiempo, también llamada "flecha del tiempo". El tiempo solo avanza, y cualquier hecho que ya haya ocurrido no puede ser corregido o modificado.

El orden cronológico de los eventos está determinado por el paso del tiempo, que nunca nos permite dar marcha atrás, aunque a veces sería deseable retroceder en el tiempo.

La segunda ley es la velocidad. Nada puede moverse a una velocidad mayor que la de la luz, igual a unos 300,000 km por segundo.

La consecuencia de la tercera ley es que cualquier fuerza disminuye su poder en función de la distancia. Esto afecta particularmente a la gravedad y al magnetismo.

Por ejemplo, la fuerza de gravedad que atrae a dos planetas disminuye a medida que los planetas están distantes.

La atracción gravitacional de la Tierra influye en su satélite, que es la Luna. Sin embargo, la influencia en los satélites de Júpiter, como Europa o Ganímedes, es absolutamente inferior.

Del mismo modo, un imán atrae un objeto de hierro colocado a cierta distancia: si, sin embargo, alejamos el objeto, la atracción disminuye y finalmente cesa.

Todo el universo que experimentamos obedece estas leyes. Por lo tanto, podemos entender la vergüenza de la ciencia oficial ante la posibilidad de que algo pueda escapar a estas leyes. Seguramente, entre las cosas que no obedecen las leyes físicas están las percepciones extrasensoriales.

Según la ciencia oficial, la premonición no puede existir porque no es posible saber primero algo que sucederá más adelante.

¿De dónde podría provenir la información que subyace a una premonición? No hay un contenedor físico en el que se almacene la información sobre los hechos que sucederán en el futuro. No hay ningún archivo de eventos que aún no hayan ocurrido.

El pensamiento humano se menciona a menudo, para decir que seguramente viaja más rápido que la luz. El pensamiento puede explorar tanto el pasado como el futuro. El pensamiento puede alcanzar cualquier área de nuestro universo y otros universos posibles con la misma intensidad. Se puede considerar que esto está en conflicto con las leyes físicas mencionadas en los párrafos anteriores.

La respuesta de la ciencia es muy simple. El pensamiento se basa en nuestro cerebro y no se mueve desde aquí. El pensamiento no sale del cráneo. Todas las elaboraciones mentales nacen y mueren a unos pocos centímetros cúbicos del cerebro físico. En la práctica, el pensamiento es ilusión, no realidad.

En este sentido, las premoniciones son ilusiones que surgen como productos de desecho en el mismo cerebro. Incluso las comunicaciones telepáticas no son posibles, porque ningún pensamiento puede salir de una cabeza para volar a otra cabeza.

Por lo tanto, para apoyar la existencia de una realidad psíquica como la que se describe en la primera parte de este libro, es necesario descubrir una dimensión del universo en la que las reglas de la física clásica ya no son válidas.

Esta dimensión debería ser similar al inconsciente colectivo de Jung. Si esta dimensión psíquica existe, ciertamente puede acomodar las ideas de Platón, así como los arquetipos de Jung y cualquier otra realidad no material.

Hasta 1950, ningún científico habría apostado un centavo a esta posibilidad. En cambio, en las últimas décadas ha habido un gran cambio.

La física cuántica ha hecho grandes avances al investigar la materia en el dominio extremadamente pequeño.

La posibilidad de que realmente existiera una dimensión exclusivamente psíquica ya estaba prevista a principios del siglo pasado. Finalmente, desde la década de 1980 en adelante, la existencia de esta dimensión ha sido científicamente probada.

Estamos hablando de los resultados de experimentos sobre el fenómeno del "enredo" cuántico.

Colaboración entre ciencia y psique.

Una gran sincronicidad ha estado en marcha durante varias décadas y afecta a todo el planeta. Esta sincronicidad global está llevando a la humanidad hacia una explicación completamente diferente de las razones de nuestra existencia.

El universo ya no es una aglomeración caótica de la materia gobernada por el azar. En esta nueva visión, el universo es una amalgama de materia y psique, construida de manera ordenada y guiada por una Mente universal.

Esta sincronicidad global representa la suma de muchas coincidencias significativas. Entre estos, ciertamente está el encuentro entre el psicólogo suizo Carl Gustav Jung y el científico austriaco Wolfgang Pauli. Recordamos que Pauli recibirá el Premio Nobel de Física en 1945.

Los dos científicos se reunieron en Zurich, donde ambos vivían.

Carl Jung ejerciendo la profesión de psicoterapeuta. En cambio, Pauli fue profesor de física teórica en el Instituto de Tecnología.

La reunión tuvo lugar en 1932, en ese momento Pauli le había pedido a Jung una cita para evaluar la posibilidad de realizar una terapia analítica. De hecho, Pauli solicitó la ayuda de Jung para resolver algunos problemas existenciales derivados de los eventos humanos en los que estuvo involucrado.

En primer lugar, Pauli sufrió el suicidio de su madre unos años antes. Otra razón para sufrir fue el nuevo matrimonio de su padre con una mujer muy joven, que tenía la misma edad que Wolfgang. Finalmente, otra causa importante de sufrimiento fue el fracaso de su matrimonio con Kathe Deppner, una bailarina de cabaret. Desafortunadamente, este matrimonio duró sólo unas pocas semanas.

En consecuencia, a todo esto, Pauli atravesaba un período muy difícil de su vida; Estas fueron las razones que lo llevaron a pedir la ayuda de Jung.

Sin embargo, inmediatamente después de conocerse, se desarrolló un diálogo de un tipo diferente entre los dos científicos. Jung le dio el trabajo de terapia psicoanalítica a una doctora que fue su compañera de trabajo.

En cambio, el tema de las reuniones entre los dos fue su respectivo conocimiento científico. Esta relación duró por lo menos veinticinco años. Cuando los dos se encontraron viviendo en lugares diferentes, los encuentros personales se convirtieron en un debate epistolar.

En sus argumentos, Jung y Pauli empujaron a los límites de sus respectivos campos de estudio, que eran la física cuántica y la psicología. Los dos buscaron un vínculo entre las dos ciencias. De esta manera, unieron dos campos de estudio que, hasta ese momento, se consideraban absolutamente irreconciliables.

Un matrimonio cultural nació entre la creatividad de Jung y el rigor de la disciplina científica de Pauli. Con gran paciencia, los dos se enfrentaron a sus teorías sin encontrar razones para malentenderse o romper argumentos. Esto sucedió a pesar de los malentendidos de los respectivos entornos científicos.

Pauli se acercó al pensamiento de Jung y lo compartió seriamente. De esta manera, superó la mentalidad prevaleciente de la era, que definía las teorías basadas en la psique como "sin ningún sentido".

Pauli mantuvo una actitud crítica, pero trató de entender las teorías jungianas.

Por supuesto, el tema principal del diálogo entre Jung y Pauli fue la relación entre la física y la psicología, es decir, entre la psique y la materia. Es importante tener en cuenta que Pauli no estaba interesada en la sincronicidad para satisfacer una curiosidad cultural. Creía que había sido el protagonista de episodios sincrónicos varias veces en su vida.

En 1952, Jung y Pauli publicaron un libro juntos, *Naturerklarung und Psyche.* Tanto su acuerdo como sus diferencias se pueden entender desde las páginas de este libro.

Jung contribuyó al trabajo con su trabajo titulado *Synchronicity: A Acausal Connecting Principle.*

Pauli en cambio contribuyó con el ensayo *The Influence of Archetypal Ideas on the Scientific Theories of Kepler*

Hay que decir que Jung había dudado mucho antes de publicar sus ideas. Fue el propio Pauli quien lo convenció de publicarlos en este ensayo.

En general, Pauli y Jung estuvieron de acuerdo en que la materia y la psique deben entenderse como aspectos complementarios de la realidad misma.

La realidad se rige por los arquetipos, que deben entenderse como principios comunes de ordenación. Esto implica que los arquetipos son elementos que residen en un nivel situado más allá de la materia.

Pauli criticó la convicción materialista presente en su entorno laboral. No compartió la negación de todo lo relacionado con la espiritualidad, los sentimientos y las emociones humanas.

Pauli estaba convencido de que en un futuro próximo ya no sería posible ignorar la relación entre el mundo externo de la materia y el mundo interno de la psique.

Entrelazamiento cuántico

La ley física llamada "conservación de la energía" es una de las más importantes de la naturaleza. En su forma más estudiada, esta ley establece que la energía se puede transformar y convertir de una forma a otra. Sin embargo, incluso si la forma de la energía cambia, su cantidad total no cambia con el tiempo. Nos referimos a la energía presente en un "sistema aislado".

Por supuesto, el universo es un sistema aislado.

Richard Feynman es un físico estadounidense. Recibió el Premio Nobel de física en 1965. En su libro "La física de Feynman, Vol.I", Feynman habla de la ley de conservación:

"Hay una ley que gobierna los fenómenos naturales conocidos. Esta ley no tiene excepciones, por lo que sabemos que es correcta. La ley se llama "conservación de la energía" y es realmente una idea muy abstracta, porque es un principio matemático.

La ley dice que hay una magnitud numérica que no cambia, pase lo que pase. Su declaración no describe un mecanismo, o algo concreto. Este es un hecho un tanto extraño. Podemos calcular un cierto número que representa la energía total del universo. Luego miramos las cosas a medida que cambian. Cuando terminamos de ver la naturaleza que juega sus juegos y recalculamos el número, encontramos que no ha cambiado."

Sin lugar a dudas, podemos dar por sentado que la energía general del universo puede tomar diferentes formas, pero permanece sin cambios.

Esta ley planteaba enormes problemas cuando la ciencia comenzó a estudiar la materia en el nivel subatómico, es decir, el nivel extremadamente pequeño.

Tratamos de entender por qué.

Las partículas elementales están equipadas con "spin". El "spin" es muy similar a un movimiento de rotación. También el "spin" está sujeto a la ley de conservación.

Entonces, si tomamos un electrón con "spin" igual a cero y lo dividimos en dos partes, una parte tiene "spin" +1/2 (mitad positiva) y la otra tiene "spin" -1/2 (mitad negativa) . De esta manera, el total de las dos mitades es siempre igual a cero como en el electrón original. Esto significa que se respeta la ley de conservación.

Ahora hagamos un experimento.

Supongamos que, después de dividir un electrón en dos partes, tomamos una parte y la movemos a cualquier distancia que podamos imaginar.

Cualquiera que sea la distancia entre las dos partes, su "spin" no cambia para no violar la ley de conservación.

Pero continuemos nuestro experimento. , Tomemos una de las dos partes, por ejemplo, la que tiene "medio spin positivo", e invirtamos su "spin" para que se convierta en "medio negativo".

¿Qué pasa en ese punto? Sucede que la otra mitad, donde sea que esté en el universo, también invierte su "spin".

El "spin" de la otra mitad, que fue "mitad negativo", se convierte en "mitad positiva". Los dos "spin" no cambian "uno tras otro", sino "al mismo tiempo".

Es importante comprender que el cambio se produce exactamente al mismo tiempo. La información no necesita tiempo para darse a conocer a ambas mitades.

Con nuestro experimento reproducimos el efecto de los "giros relacionados".

Se dice que nuestras dos partículas están "correlacionadas" porque nacieron juntas, cuando dividimos el electrón original en dos. La noticia sorprendente es que las partículas relacionadas se comunican entre sí a cualquier distancia que se encuentren.

Si una partícula cambia, la otra cambia al mismo tiempo, porque la ley de conservación de energía no puede ser violada.

La ley de conservación de la energía no puede ser violada ni por medio medio electrón, que es una parte absolutamente insignificante del universo.

Si lo decimos de esta manera puede parecer muy poco, pero si lo pensamos, lo que acabamos de decir *está en contraste con todas las leyes de la física clásica.*

Una regla violada es la relativa a la velocidad de la luz, que nunca podría superarse. De hecho esta velocidad se supera abundantemente. Como hemos visto, podemos colocar las dos partículas a cualquier distancia intergaláctica, incluso a mil millones de años luz una de otra. A pesar de esta distancia, cada partícula reacciona a los cambios de la otra de una manera contemporánea.

La regla de la dirección del tiempo también se viola. De acuerdo con esta regla, cada evento ocurre como resultado de un evento anterior. En el caso que hemos examinado, las dos partes no cambian su rotación de acuerdo con una secuencia temporal, primero una y luego la otra, sino simultáneamente.

El concepto de causalidad, según el cual cada evento es causado por otro evento, deja de ser válido. Esta es también la consecuencia de la contemporaneidad.

Otro principio que no se respeta es la atenuación de los campos de fuerza, dependiendo de la distancia.

De acuerdo con este principio, las dos partes deben cambiar con mayor vigor cuando están más cerca, y con vigor en disminución, a medida que aumenta la distancia.

No es así: el "vínculo de la fuerza" que une a las dos partículas permanece absoluto y constante en el espacio y el tiempo.

El vínculo que une a las dos partículas toma el nombre científico de "entanglement", una palabra en el idioma inglés que se puede traducir como "enredo".

Este término se refiere a la conexión que surge entre dos partículas creadas juntas, que está relacionada.

Este enlace tiene más características espirituales que físicas. Algo similar ocurre a menudo entre los gemelos humanos.

La observación más importante se dejó para el final y es esta: *¿cómo se comunican entre sí las dos mitades del electrón?*

Es obvio que cuando una de las dos mitades cambia el sentido de rotación, la noticia del cambio no atraviesa ningún espacio físico y no se transmite por ningún medio.

Si esto sucede, se producirá un retraso de tiempo. Sin embargo, la acción y la reacción son contemporáneas.

No hay un "tiempo" en el que la información aún esté en la calle, y la otra parte está esperando recibirla.

La información está tanto aquí como allá. Más simplemente podemos decir que la información "existe" de manera absoluta. Ambas partículas lo poseen. Las dos mitades del electrón comparten información como si aún fueran un electrón completo.

Las novedades de la física cuántica fueron presentadas por Niels Bohr y su equipo de científicos, llamado "The Copenhagen School". Este grupo de trabajo sentó las bases de la física cuántica en una investigación realizada desde 1927 en adelante. Desafortunadamente, sus ideas no fueron muy bien recibidas en el mundo científico.

En particular, Albert Einstein juzgó esta teoría como imposible. Creía que el razonamiento básico era incorrecto.

Según Einstein, la teoría carecía de una pieza, que él llamó "la variable desconocida". En la práctica, según Einstein, los cálculos dieron resultados falsos porque hubo algunos elementos particulares que no se consideraron. Si hubiera agregado la llamada "variable desconocida" a las ecuaciones, Niels Bohr habría obtenido resultados más cercanos a la física clásica. Einstein estaba particularmente preocupado porque la teoría cuántica de Bohr también estaba en contraste con la teoría de la relatividad.

Algunos científicos se burlaron de las ideas de Bohr.

Sin embargo, Einstein, aunque convencido de sus argumentos, era demasiado inteligente como para negar una teoría científica antes de que esta teoría fuera evaluada con precisión.

Continuó argumentando que había un error en las ecuaciones de Bohr. Sin embargo, Albert no tenía prejuicios y quería ver con claridad. Aquí está su grandeza.

En 1935 propuso un famoso experimento, conocido como el experimento EPR. El acrónimo nace del nombre de los tres proponentes, es decir, además de Einstein, Podolski y Rosen.

El EPR fue un "Gedankenexperiment"" que es un experimento mental. En la práctica, no fue un experimento basado en instrumentos de laboratorio, sino en el razonamiento y la aplicación teórica de las leyes conocidas. Este tipo de experimento, incluso si es teórico, puede proporcionar resultados confiables. Los experimentos mentales todavía se utilizan cuando faltan los medios técnicos o económicos para llevarlos a cabo en el laboratorio.

De hecho, el desarrollo del experimento EPR suscitó dudas sobre la credibilidad de las teorías cuánticas. Esto también dependía de la complicación del protocolo ejecutivo.

Como resultado, la comunidad científica tomó nota de los resultados pero no los consideró definitivos.

Muchos años después, en 1964, otro científico se interesó nuevamente en el tema. John Stewart Bell publicó un artículo en el que proponía una versión simplificada del experimento EPR. En el mismo artículo, Bell propuso un método práctico para llevar a cabo el experimento en el laboratorio e invitó a la comunidad científica a implementarlo.

La invitación fue recogida por Alain Aspect, un físico experimental francés. En los años de 1980 a 1982, Alain Aspect llevó a cabo el experimento en el laboratorio.

En la práctica, procedió a excitar un electrón para obligarlo a realizar un doble salto cuántico.

El electrón excitado, en el doble salto, emitió dos partículas elementales, es decir, dos fotones. Por supuesto, los dos fotones estaban "relacionados", ya que nacieron en el mismo evento.

Los experimentos de Aspect confirmaron todas las predicciones sobre la física cuántica y el fenómeno del "enredo".

Los dos fotones de Aspect generados en el laboratorio se comportaron tal como se describe en la teoría de Bohr. Es decir, los dos fotones han repetido el comportamiento de las dos mitades del electrón que describí anteriormente. Esto significa que violaron todas las reglas de la física clásica.

En los años siguientes el experimento fue repetido y confirmado muchas veces por muchos estudiosos.

Hoy los laboratorios ya no experimentan el "enredo" de dos partículas. En los laboratorios modernos se crean miles o millones de partículas relacionadas en un solo evento.

La dimensión que va más allá de la materia.

A la luz del conocimiento científico actual, podemos suponer que la comunicación a nivel de partículas elementales ocurre con un método que es absolutamente independiente de la materia.

Las partículas se comunican en un nivel donde el tiempo y el espacio no ejercen su poder. En este nivel, dos o más partículas relacionadas, incluso si están separadas por distancias infinitas, se comportan como si fueran una sola.

El "espacio", o el nivel en el que esto ocurre, se llama "no localidad". Es un "espacio" psíquico, porque no se puede colocar en ningún lugar.

La ciencia nota a regañadientes la existencia de este espacio, ya que no puede pesarlo ni medirlo ni reproducirlo en el laboratorio.

Sin embargo, si este espacio existe, entonces otros conceptos del pensamiento humano también pueden encontrar su lugar dentro de él.

Por ejemplo, hemos citado previamente el "inconsciente colectivo" de Carl Jung o el "Alma del mundo" de Platón. Las partículas subatómicas actúan en lo no local, y nadie puede negar que esto suceda. De manera similar, las ideas psíquicas del pensamiento humano también son dignas de estudio y consideración.

Algunos podrían argumentar que el fenómeno de "enredo" ocurre solo entre las partículas que se han relacionado entre sí en el laboratorio.

Podemos recordar a estos escépticos que todo el universo nació de un gran laboratorio. Podemos imaginar el universo inicial como un "lugar" en el que se produjo una gran explosión única, conocida como el Big Bang.

Esta explosión dio lugar a toda la materia en el universo. Por lo tanto, toda la materia del universo nació del mismo evento.

Esto significa que toda la materia en el universo está relacionada y constituye una realidad única. Los animales, plantas y minerales están hechos de átomos relacionados. Los planetas, las constelaciones y todo el cosmos están relacionados. Carl Jung y Wolfgang Pauli llamaron a esta realidad "Unus mundus".

¿Qué papel juegan las coincidencias
en mi vida?

En este punto, cada lector puede formular legítimamente esta pregunta y puede esperar una respuesta. Sabemos que suceden coincidencias significativas. Desafortunadamente, hasta hoy hemos considerado las coincidencias como hechos extraños y, a veces, misteriosos, pero sin importancia en nuestra vida diaria.

Las coincidencias significativas se pueden definir de manera más precisa con el nombre de "sincronicidad". Con este nombre indicamos las pistas que intentan explicar los mensajes y las intenciones de una "Mente del mundo".

Cada sincronicidad contiene un mensaje dirigido a nosotros, útil para guiarnos en el crecimiento interior. Desafortunadamente, el lenguaje de estos mensajes es simbólico. Luchamos por sintonizar la longitud de onda correcta para descifrar el contenido de estos mensajes. Una cita del físico estadounidense Joseph Henry puede ayudarnos a entender el concepto:

"Las semillas de cada gran descubrimiento están constantemente presentes en el aire que nos rodea, pero

*caen y se arraigan solo en mentes
preparadas".*

Estamos acostumbrados a atribuir hechos
inusuales al azar. Cuando las coincidencias son
negativas, las atribuimos al destino, mientras que
cuando son positivas las atribuimos a la suerte.

Citamos algunas otras frases famosas. Arthur
Schopenhauer dijo:

*"El destino baraja las cartas y
jugamos".*

En cambio, Louis Pasteur habló así de suerte:

*"La fortuna favorece las mentes
preparadas"*

Estas declaraciones implican que cada
oportunidad, combinada con una dosis de
preparación, puede ayudarnos a construir una vida
mejor.

La preparación consiste en saber cómo captar, en el momento adecuado, las señales de conducción, de la misma manera que sabemos leer las señales de tráfico, mientras conducimos nuestro automóvil.

Las sincronicidades son signos guía, indicadores que simbólicamente nos muestran una dirección.

Es difícil entender los mensajes simbólicos que provienen de la dimensión espiritual, porque vivimos profundamente inmersos en la dimensión física.

Además, como ya se mencionó, las sincronicidades son construcciones hechas de eventos desconectados entre sí. Estos eventos no tienen vínculos de causa y efecto, y se distribuyen en el espacio y el tiempo, por lo que es difícil relacionarlos.

Las coincidencias se vuelven significativas solo cuando logramos atribuir un significado.

A menudo necesitamos usar un proceso mental irracional para vincular ciertos hechos entre ellos.

En muchos casos es necesario ignorar la lógica diaria de la temporalidad, según la cual algunas cosas suceden antes y otras después. En sincronicidades, esto no importa y los hechos se pueden colocar en cualquier lugar de la escala de tiempo.

El significado que atribuimos a las sincronicidades se genera en un nivel espiritual.

En consecuencia, si queremos entender por qué hemos dado un significado especial a cualquiera de los hechos, debemos investigar la profundidad de nuestro espíritu. La interpretación elaborada por nuestro espíritu siempre está iluminada por las simbologías que poseemos.

El simbolismo de las sincronicidades que recibimos está siempre conectado a las simbologías presentes en nuestra psique.

Tenemos la clave interpretativa de las sincronicidades que recibimos. Esta clave está presente en nuestra conciencia o en nuestro inconsciente.

Las sincronicidades son símbolos arquetípicos. No pueden manifestarse en una forma simbólica completamente desconocida. Cuando una persona recibe una sincronicidad en forma simbólica, ese símbolo ya pasó del inconsciente colectivo al inconsciente individual.

Las simbologías evocadas por las sincronicidades no son indescifrables porque ya están presentes, arraigadas y entrelazadas en nuestro inconsciente.

Descifrando sincronicidades.

Las sincronicidades tienen características específicas por las cuales el desciframiento del mensaje es posible casi exclusivamente para quienes lo reciben. Estas características son el carácter simbólico y el vínculo estrecho con el inconsciente del individuo.

La metodología de los terapeutas profesionales puede ser una excepción. Son capaces de profundizar las capas de conciencia profunda, es decir, aquellas que ni siquiera el mismo sujeto puede explorar objetivamente.

En la mayoría de los casos, nadie recurre a un psicoterapeuta en busca de ayuda para revelar el simbolismo de los mensajes sincrónicos. En consecuencia, podemos dar aquí algunos consejos aproximados que pueden ayudar a la interpretación.

El primer consejo es obvio.

Nunca consideres las coincidencias significativas como resultado del azar. Pueden ser mensajes de una "Mente superior". Esta "Mente" coordina la armonía del universo y quiere ayudarnos a mantener nuestra armonía. Quiere hacernos beneficiarios del bienestar interior.

El segundo consejo es confiar principalmente en el propio juicio. Nuestro juicio es sin duda el más calificado y el más informado para guiar nuestra interioridad en la elaboración del significado de los símbolos. Como ya se mencionó, todos tienen las claves interpretativas de las simbologías que recibe.

Los símbolos son la herencia de toda la humanidad pero, al mismo tiempo, se ajustan estrechamente a nuestro "Selbst", a nuestra cultura y a nuestra forma de ver el mundo.

Podemos decir que el símbolo es como la punta de un dedo. Hay miles de millones de dedos, pero al mismo tiempo no encontramos dos iguales. Cada uno tiene sus propias huellas digitales que son únicas e inconfundibles.

El tercer consejo consiste en no tener prisa por atribuir significados.

A menudo, una sincronicidad se compone de múltiples eventos distribuidos en el tiempo. Debemos crear un cajón secreto en nuestra mente en el que depositamos los mensajes que no entendemos.

Cada vez que recibimos un nuevo mensaje debemos compararlo con todos aquellos que aún no hemos resuelto. Esta práctica puede dar resultados sorprendentes.

Si borramos rápidamente de nuestra mente cualquier coincidencia curiosa, corremos el riesgo de interrumpir un camino. Quizás la coincidencia cancelada fue un eslabón importante.

De hecho, una sincronicidad puede explicarse a través de días o meses, o incluso años, y cualquier nueva coincidencia significativa puede ser la finalización de una coincidencia previa.

El lugar del que provienen las sincronicidades a menudo se denomina "no localidad", porque no es posible colocarlo ni en el espacio ni en el tiempo. No hay espacio ni tiempo en el nivel no local. Esto se ha demostrado científicamente mediante la física cuántica y el reciente descubrimiento del fenómeno denominado "enredo", que describí en sus elementos esenciales.

Como apéndice de este tercer consejo, proporciono otra indicación.

Muchos estudiosos y autores apoyan la utilidad de llevar un diario de coincidencias. En este diario también podemos notar los sueños significativos, que son los que más nos impactaron. Los sueños pueden ser sincrónicos, o proféticos. Esto es especialmente cierto cuando el evento soñado realmente tiene lugar. Estos son casos raros, porque incluso los sueños se basan en simbologías. Es posible dar sentido a un evento conectándolo a un sueño.

Los tres niveles de realidad

De lo que se ha mostrado en los capítulos anteriores, surge una representación del universo que es muy diferente de la que hemos estado acostumbrados a considerar.

Por supuesto, todos seguimos viendo el mundo como siempre lo hemos visto. Esto sucede porque los cinco sentidos que la naturaleza nos ha dado están diseñados para experimentar este mundo.

Las necesidades vitales y las necesidades de supervivencia significan que podemos ver, tocar, oler, escuchar y saborear la realidad en la dimensión que se ajusta a nosotros mismos.

de hecho, nuestros sentidos no son efectivos fuera de nuestra dimensión. No podemos explorar galaxias distantes con nuestra vista. Nuestros ojos no pueden observar los movimientos de los microbios.

No percibimos el olor de la explosión de supernovas ni el color de las moléculas que forman los diversos cuerpos.

Estas funciones van más allá de nuestras necesidades básicas. La evolución nos ha hecho especializados solo para lo que es indispensable para nuestra existencia.

La mayoría de las frecuencias producen colores y sonidos que no son visibles o audibles para nosotros

El sentido del tacto y el sentido del gusto, en la medida en que podemos considerarlos refinados, nos permiten distinguir claramente solo una gama limitada de sabores y olores.

Podemos decir que nuestros cinco sentidos son herramientas muy burdas y muy limitadas en comparación con las infinitas variaciones producidas por el universo.

Sin embargo, también tenemos otros dos sentidos. El sexto sentido es la intuición, que nos permite procesar información muy útil en la vida diaria simple, incluso si esta información no es indispensable para la supervivencia.

La intuición es una herramienta maravillosa, que procesa nuestras experiencias y brinda consejos sobre el comportamiento.

Los primeros hombres podían adivinar la comestibilidad de las bayas o el peligro de picaduras de insectos, evaluando su color o la forma de su cuerpo. Sobre la base de un examen de resumen de las apariencias, pudieron calcular la mayor o menor posibilidad de riesgo.

Hoy utilizamos la intuición para evaluar personas y ocasiones. A menudo, gracias a la intuición, somos capaces de madurar una desconfianza espontánea hacia aquellos que quisieran engañarnos. Así que también podemos adivinar quién podría ayudarnos.

La intuición nos ayuda a discernir los aspectos positivos y negativos relacionados con un determinado negocio. La intuición usualmente juega un papel decisivo en nuestras decisiones. Seguramente el intuto es una herramienta imperfecta, pero la experiencia nos ayuda a mejorarlo.

El sexto sentido, o intuición, se basa únicamente en el pensamiento, pero no tiene nada de misterioso. La información que utilizamos para formular nuestros juicios está contenida en nuestra memoria y en nuestro bagaje cultural. Todo el proceso intuitivo tiene lugar dentro de nuestra psique. La intuición no usa el conocimiento más allá de lo que ya tenemos. Naturalmente, la intuición es consistente con el mundo fuera de la psique, es decir, con la realidad física.

El nivel cuántico y el nivel no local.

Podemos definir el "nivel físico" del entorno en el que vivimos. El nivel físico está hecho de objetos sólidos y separados unos de otros. Este nivel también incluye la parte extremadamente grande del cosmos, como los planetas y las constelaciones. Hoy la ciencia nos dice que hay al menos otros dos niveles. Aunque no podemos entender estos niveles con nuestros sentidos limitados, existen sin embargo. Su existencia se confirma más allá de cualquier duda.

El segundo nivel es cuántico. Este es un "espacio" en el que las partículas elementales se mueven y operan libremente. Estas partículas no están sujetas a ninguna de las restricciones que afectan el nivel macroscópico de la materia. Como hemos visto, las partículas establecen enlaces recíprocos sin límites de espacio y tiempo.

Esta característica sugiere la existencia de un tercer nivel, el de la no localidad, que no está hecho de materia. La no-localidad contiene solo energía e información.

La no localidad es el nivel en el que todo el universo está conectado y forma un "enredo" universal. La no localidad contiene toda la información, es decir, toda la inteligencia cósmica obtenida desde el primer momento de la creación.

Esta información está respaldada por una energía desconocida e ilimitada, que la distribuye donde sea necesaria.

El séptimo sentido

Si queremos acceder a la realidad no local, los cinco sentidos no pueden ayudarnos. Ni siquiera la intuición puede ayudarnos. Necesitamos el séptimo sentido.

El sexto sentido viene a nuestro rescate al procesar solo la información que hemos acumulado en nuestra experiencia diaria,

En cambio, el séptimo sentido nos permite entrar en contacto con un depósito inmensamente más rico, que contiene toda la experiencia del universo.

Desde este depósito, los presentimientos, las premoniciones y toda la gama de fenómenos que llamamos extrasensoriales descienden a nuestra conciencia.

El nivel de no-localidad siempre ha sido conocido por cada civilización, por cada filosofía y por cada religión. Lamentablemente, no fue posible probar su existencia. Hoy, por fin, existe la evidencia.

Podemos estar seguros de que una inteligencia supervisa el funcionamiento del nivel no local. De hecho, ¿cómo podría ser gobernado por azar?

Desde este nivel recibimos mensajes. En la mayoría de los casos, estos mensajes son simbólicos y nos cuesta descifrarlos.

Sin embargo, es posible que en el futuro la humanidad pueda desarrollar un plan de comprensión más avanzado que el actual. .

Cada uno puede llamar al nivel de la no localidad con el nombre que prefiera. Podemos mencionar muchas expresiones: Mente Universal, Mente Global, Mundo de Ideas, Mente del Universo, Inconsciente Colectivo, No Localidad, Tao, Atman, Dios, Espíritu Santo.

Sabemos que existe, y sabemos que de este "Entidad superior" existen ayudas útiles para el crecimiento de los individuos y el desarrollo de toda la raza humana.

Hemos llamado a estas ayudas "coincidencias significativas" y "sincronicidad", en referencia a las teorías jungianas. Sin embargo, todos pueden llamar a estas intervenciones con el nombre que prefieran: inspiraciones, profecías, revelaciones, milagros o lo que sea.

Tal vez nunca podamos revelar en detalle los misterios de los que hablamos. Pero hay una novedad importante. En el pasado nos referimos a hipótesis sugestivas, de las cuales no pudimos proporcionar evidencia. Hoy hablamos con confianza y confianza sobre un nivel espiritual o psíquico, que realmente existe.

Bibliography

Amir Dan Aczel, Entanglement. The greatest mystery of physics.

Barbour Julian, End of the time.

Barrow John David, From zero to infinity. The great story of Nothing.

Barrow John David, The numbers of the universe,

Barrow John David, Why is the world a mathematician?

Barrow John David, look Frank The anthropic principle.

Beitman Bernard, Messages from coincidences.

Cambray Joseph, Synchronicity. Nature and Psyche In a connected universe.

Cantalupi Tiziano, Santarcangelo Donato, Psychism and reality. .

Capra Fritjof, The Tao of physics.

John Cederquist, Coincidences They don't exist.

Cesati Cassin Marco, We're not here by chance.. The power of coincidences.

Subrahmanyan Chandrasekhar, Truth and Beauty. The reasons for aesthetics in science.

Chinnici Giorgio, Case Guard. The secret mechanisms of the quantum world

Chopra Deepak, Coincidences

Ford Kenneth, The world of Quanta. Quantum physics For everyone.

Gamow George, The Adventures of Mr. Tompkins.

Gamow George, Mr. Tompkins ' New World.

Goswami Arneb, Quantum Lighting Guide.

Greene Brian, The plot of the cosmos. Space,

Greene Brian, The hidden universes of parallel reality And the profound laws of the cosmos.

Greene Brian, The elegant universe. Superstrings, hidden dimensions and the pursuit of definitive theory.

Hawking Stephen The Universe in a nutshell.

Hawking Stephen The theory completely. Origin and destination Dell Universe.

Hawking Stephen The great history of the time.

Hawking Stephen Do Big Bang For black holes. A brief history of the universe.

Heckler, Richard, Coincidences.

Robert Hopke, Nothing happens by chance.

Joseph Frank, The power of coincidences.

Young Carl The analysis of Dreams. Archetypes of the unconscious. Synchronicity.

Young Carl Memories, DreamsReflections.

Kane Gordon, The Garden of Particles Elemental.

Shani Mani Quantum. From Einstein In Bohr, quantum theory, a new idea of reality..

Rei Hans, Christianity and Chinese religiosity.

Lederman Leon, Hill Christopher, Physical Quantum for Poets

Licata Ignazio, Watching the Sphinx.

Motterlini Matteo, Mental traps.

Peat David, Synchronicity. A union between the matter e Psyche.

Popper Karl, The Ego and your brain.

Radin Dean. Intertwined minds. Psychic phenomena explained by quantum physics.

Rhine Louisa, Psychokinesis. in mind Dominates matter..

Schumacher Ernst, A guide to the Perplexed, the B

Sheldrake Rupert, The illusions of Science.

Sheldrake Rupert, The mind Extended..

Michael Smith, Young and Shamanism.

Sparzani and Panepucci. (Curators) Young and Pauli. The original correspondence: The meeting between psyche and matter.

Henry Stapp Quantum theory and free will..

Michael Talbot, All is a. Feltrinelli

Teodorani Massimo, Bohm. The Physics of Infinity.

Teodorani Massimo, in mind Creative. From the physical universe to intelligent life.

Teodorani Massimo, The entanglement. The Weave In the quantum world: particles To consciousness.

Teodorani Massimo, Synchronicity. The link between physics and psyche. Da Pauli Young ' s Next In Chopra.

Teodorani Massimo, The Atom and the particles Elementary.

Seems Frank The physics of Immortality.

John White, The encounter between science and spirit..

Claudio Widmann, Synchronicity and coincidences Significant.

Claudio Widmann, Introduction to Synchronicity.

Impresión terminada el 15 de abril de 2022
Vicente Cajal es el seudónimo de Bruno Del Medico, bloguero, escritor, editor, especializado en la difusión de temas relacionados con la actualidad social y las nuevas fronteras de la ciencia. Es autor de numerosos textos relacionados con la reciente pandemia y de una serie especializada en física cuántica y metafísica.